貓，請多指教

每一聲喵都是愛②

Jozy、春花媽　著

推薦序

乾媽是全世界最喜歡貓的人

谷柑的乾媽跟畫畫姊姊又出書了，裡面有谷柑跟春花跟歐歐，希望大家都來看。

我乾媽雖然很兇又很胖，而且跟我講話都沒耐心，但是我乾媽是全世界最喜歡貓的人，還有喜歡狗狗，雖然那個狗狗長得很不清楚，但是很可愛，當然沒有歐歐可愛，可是被人類喜歡的貓咪都會跟我一樣閃閃發光。

乾媽有時會花很多時間跟別的人類說貓咪的事情，我知道他很多時候腦袋都要壞掉了，也很想喝水，但是他還是很專心在跟人類說貓咪的事情。乾媽花了好多時間愛貓咪，聽貓咪的話，還願意離開家裡去聽別人說貓咪的事情，每次都會陪我去看醫生，乾媽認識的貓咪比人多好多，聽貓咪講話的時候，乾媽就像是有雲的太陽，亮亮涼涼的好舒服。

如果乾媽也這樣跟我講話，不要一邊跟我講話一邊吃我的臉，我一定會很專心聽，乾媽喜歡的貓咪很多，跟谷柑一樣。我有時候說話說不出來，希望可以跟畫畫姊姊一樣用畫的，這樣有時候歐歐就會看到我的星星，這樣他就會知道我有多喜歡、多喜歡、多喜歡他亮亮的樣子，乾媽有畫畫姊姊，谷柑也想有一個。

當我是畫畫姊姊畫的樣子，你們還會喜歡嗎？

我喜歡畫畫的谷柑，我也喜歡寫詩的谷柑，我喜歡你們喜歡谷柑。

貓咪詩人 王谷柑

KUKAN'S TALK

＃不是說好是幫忙寫推薦序嗎？

＃乾媽白眼

＃那位狗叫「甜甜圈」！放尊重一點！

作者序

最真切的情感

我想許多狗僕貓奴，應該都常常幻想他們在對自己說些什麼吧！如果真的能跟他們對話自如，是不是就能更容易溝通，甚至讓動物們更聽話呢？

自從認識了「動物溝通師」春花媽後，漸漸也讀了許多她與家裡貓咪們的故事。這些故事有爆笑，有溫馨，也有令人哭笑不得的橋段。看著這些趣事和生活小細節，慢慢發現動物們的想法真是超乎我們想像太多了！就算是動物溝通師，也不代表能控制動物、讓他們個個變得溫馴乖巧呢。

藉由輕鬆、幽默的小漫畫，我希望能呈現動物溝通自然又生活化的一面。這並不是神祕的巫術，有許多貓咪們的台詞，我想都和我們這些「麻瓜」原本心裡「幻想」的相差不遠，只是在動物溝通者有意識的練習下，這些看似幻想的訊息，越來越清晰地被接收到，說到底，就是與貓室友們相處的日常故事啊！

就像一個不小心養起了貓咪一樣，這些小漫畫也不小心就畫了一年半，如今竟然能有出版的機會，我又驚又喜之餘也非常感謝這一連串緣分。謝謝春花媽總讓我自由發揮，謝謝出版社編輯們的辛勞，也謝謝拿起這本書的你，如果你想了解貓兒們平日都在想些什麼，我想這些故事可以讓你略窺一二囉！

畫家

Jozy

作者序

對自己和動物都好一點

之前跟春花相處的日子，我最常被罵的不是懶惰而是脆弱。

如果追蹤「有愛大聲講」或是「那些貓跟老甜才會教我的事情」的粉絲頁，我想並不陌生，春花是一個老闆氣很重的兒子，當然這兩本漫畫會有更多具體的揭露！

身為一個會動物溝通的媽媽，春花並不抱怨我把貓照顧的不好，他會罵我多是因為小孩生病而自責自己，印象深刻有兩次：一次是萌萌確診IBD，我一回家如同行屍走肉的把飯煮好，然後等萌萌退麻醉一邊掉眼淚，春花看我哭很久，然後去餐桌把碗打翻，然後冷冷地說「這裡面沒有珍惜，沒貓要你怪自己。」一次是大海確診心臟病，我受到很大的打擊，因為那時候才接大海回來，他還合併很多症狀，我很怕會失去這個貓咪，那天下午看完醫生把大海放回隔離房，我坐在沙發想要怎麼辦，然後等我回神的時候，已經天黑了，我暈倒了，醒來撥正眼鏡，春花的臉在眼前：「你覺得這樣對嗎？」

萌萌跟大海的病，都是跟遺傳比較有關係，換一句話說，我再怎麼努力，都未能求好，但是我非常求好，求不得就會怪自己……我想翻開書的你，也是這樣的家長吧，如果動物孩子可以好，為什麼我們不讓他們更好，但是這樣對我們相處品質真的有幫助嗎？當我們希望他們好的時候，我們是不是不願意接受，孩子眼前的狀況呢？當然我的孩子狀況，並不等於你們的，真的有病要看醫生，然後找自己相信的醫生幫助自己，圓滿跟動物小孩相處的生活品質。那春花到底要跟我說的是什麼呢？

「如果我們生病，你就哭，我們是會好嗎？」有一天晚上他冷不防的這樣說的時候，我看著他，我笑了，

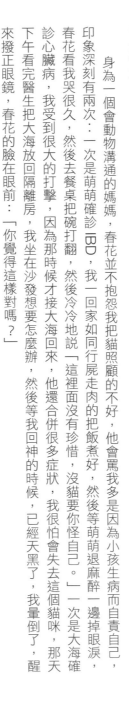

然後我跟他說「我知道了，我會練習。」

到底孩子需要怎麼的相處，才是對彼此最好的？希望這兩本漫畫有給你一點方向，希望你也自己一點彈性，去面對跟孩子相處的自己。

終究是我們為了跟彼此相遇，終於相遇了，那我們都對彼此好一點，動物會比我們更開心的……透過這兩本漫畫與你們分享：「那些貓跟老甜才會教我的事情」。

動物溝通師

目錄

Chapter 2 史上最萌乾兒女

登場角色

春花家

萌萌

長子，超級媽寶。

春花

老二，嚴師兼老闆。

春花媽

動物溝通師。

歐歐

長女，溫柔恬靜，
超級美貓。

阿咪阿

二姐，個性十足，
最愛嗆媽媽。

小花

么女，
甜美可愛。

甜姐

最晚來到春花家的狗。

大海

五弟，常出奇不意
吐槽媽媽。

登場角色

其他

卷卷

春花媽的乾女兒。

卷爸

卷媽

Winnie

卷家大哥。

啾比比

二哥。

小海豹

三哥。

老王

春花家
家庭醫生
(西醫)。

老葉

春花家
家庭醫生
(西醫)。

老林

春花家
家庭醫生
(中醫)。

谷柑爸

谷柑媽

谷柑

出過詩集的詩貓。
單戀歐歐。

莛莛

谷柑的妹妹。

一半綺夢 (C夢)

小咩 。

弟弟 (B夢)

谷柑的學生。

拉拉 (A夢)

谷柑的學生。

我們家咻咻好奇怪，最近一直舔毛舔不停，
我舔
我舔
生活跟身體狀況都沒有特別變化啊？
你們家是不是有陽台？
有，怎麼了？
有一隻小黃貓會來找咻咻玩對嗎？
有耶，一隻白底小黃貓！

他們會一起聊天，咻咻很喜歡他，
還問他，為什麼可以這麼白呢？
只要多多舔毛，就可以和我一樣白喔！
啥！
不要亂教我女兒啦！笑死我了！
謝謝妳，這樣我安心了！
咻咻很可愛呢，也謝謝你們唷！

呼，今天的工作都結束了！
萌萌你來啦？
媽媽工作結束了對嗎？
是呀！
摸摸我！
我是春花媽，一名動物溝通師。
萌萌餓了嗎我來做飯
好！
顧名思義，從事著與動物溝通的工作，擔任人與動物間的橋樑。

動物溝通並不是什麼神祕的法術，相反地，是單純與動物間的直接交流。
嗯，今天煮雞肉跟番茄
藉由理解動物們的心裡話，讓家長可以調整自己照顧與相處方式。
大家吃飯囉
這是一個圍繞著我家寶貝，與其他貓咪、狗狗們，
充滿歡笑樂趣的日常故事，歡迎你和我們一起享受美好生活！
今天很捧場呢

Chapter 1

每一聲喵都是愛

春花媽的日常充滿了與動物的對話，但是家裡的孩子還是無可取代的夥伴，並且是工作的動力與放鬆來源。

願透過序篇的分享，讓你們理解我是如何被寵愛的媽媽，一個被珍惜的「人」。

貓界金城武
工作中
哇，你跟我兒子一樣叫萌萌耶！
才不一樣呢！他很醜！
唉呀，你怎麼這麼說呢？
工作結束後
媽咪，很醜是什麼意思？
噴
你怎麼這麼問？
剛剛那隻貓說我很醜，「醜」是什麼意思呀？
欸…因為你們名字一樣，但是長得不同，所以他才這樣說啦！
「醜」是不一樣的意思嗎？
不是啦…醜是說不帥的意思…

所以我「不帥」，我很「醜」嗎？媽媽不是都說我很帥嗎？
不、不是啦！因為那隻貓沒見過你，他看不清楚，才那樣說。
你一點也不醜喔！
那我還像媽媽說的那樣，跟金城武一樣帥嗎？
當然！你很帥！
對了，我們來玩問答遊戲吧！
？

告訴媽媽，誰最帥？
萌萌！
誰最好看？
萌萌！
萌萌是誰呀？
金城武！
媽咪愛死你了！你是全世界最帥的貓咪喔！
我知道了！我很帥！
有一種帥，叫做媽媽覺得你最帥。

慢慢變勇敢

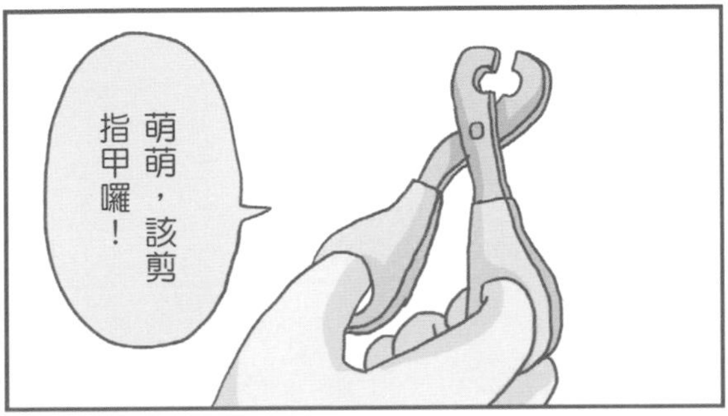
萌萌，該剪指甲囉！

欸，逃得還真快呀。
光速
奔逃
剪指甲是萌萌的大禁忌，去美容院總被退回，全身包起來剪還會嚇到尿出來。
啊啊啊啊啊啊
不要過來
好可怕啊啊啊
只有馬麻可以碰我的手
本來連手腳都不能被碰的萌萌，經過半年多的訓練，終於可以不時地摸摸他的手。

現在萌萌有比較不怕剪指甲了嗎？
還是會怕。
那這樣摸手手可怕嗎？
不會，喜歡摸手手。
摸
萌萌害怕的事情是不是都要練習很久呢？
不害怕的事情也要練習唷！
像是什麼呢？
像是喜歡媽媽呀！是和妳玩好多次，抱抱好多次，才越來越喜歡喔。
喜歡妳以後，發現喜歡有好多，還有好多、愈來愈多喜歡！
萌萌…！

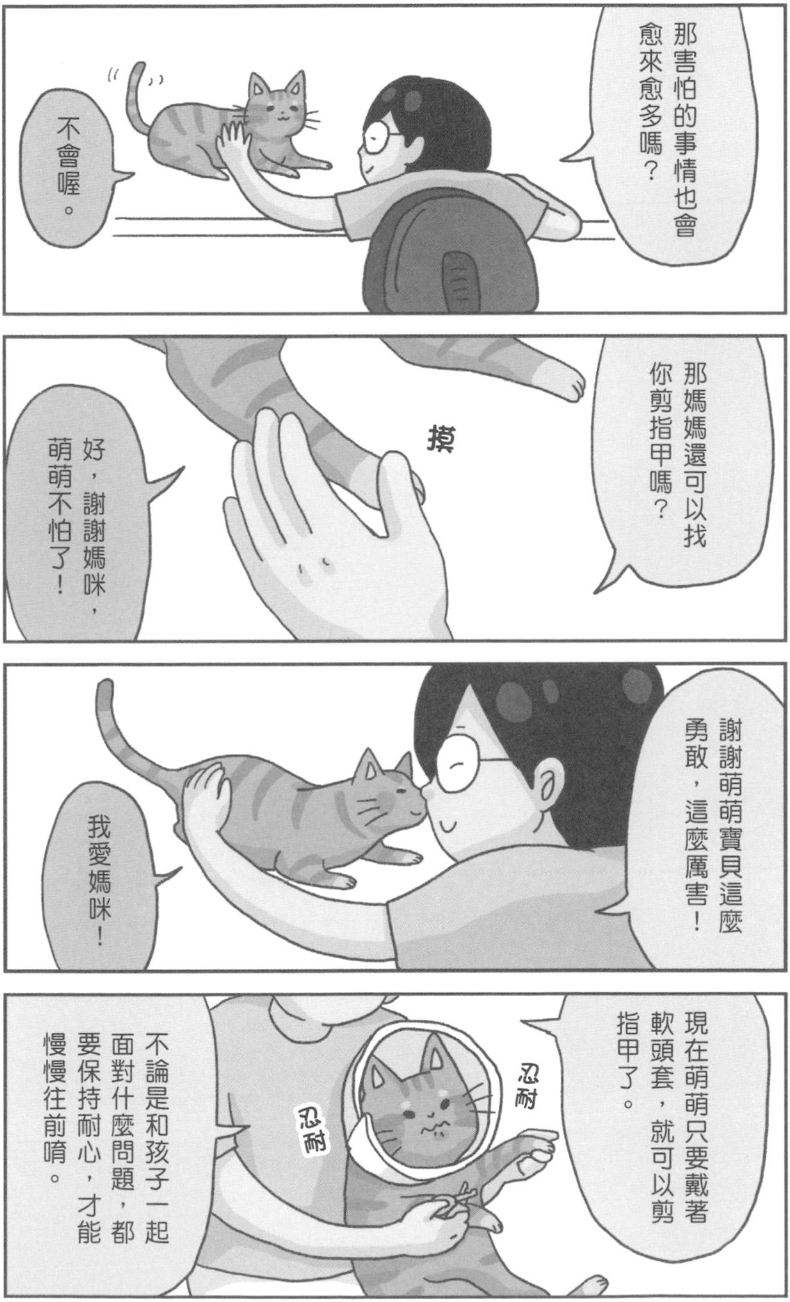
那害怕的事情也會愈來愈多嗎？
不會喔。
那媽媽還可以找你剪指甲嗎？
摸
好，謝謝媽咪，萌萌不怕了！
謝謝萌萌寶貝這麼勇敢，這麼厲害！
我愛媽咪！
現在萌萌只要戴著軟頭套，就可以剪指甲了。
忍耐
忍耐
不論是和孩子一起面對什麼問題，都要保持耐心，才能慢慢往前唷。

～春花媽的動物家人們～

萌萌是橘大哥

貴為大哥，很早就退出管理家裡的職務，時間大概是發現春花這坨年糕很好躺的時候……然後生命就專注在發展成為「極致的媽寶」中努力。

其實以溝通來說不算是講話流利的孩子，但是每天都會看著媽媽說：「媽媽我愛你，媽媽萌萌愛你。」媽媽為此每天都軟腳。

身為地方媽寶界的翹楚跟胖橘貓叛徒，萌萌因為 IBD 的關係，這輩子還沒超過 4 公斤，不知道是不是因為媽媽在人類世界是過重代表，所以兒子想要幫忙平衡一下？不過不管是因為什麼原因，媽媽為了萌萌轉換成全鮮食，並且開始關注貓咪的營養學，只是希望萌哥可以更清爽的活著。

很專注地看，其實沒有在看什麼。

史上最胖（拍起來啦！）

常常對著媽媽睡

每天都用這種單純愛的目光看媽媽

（那天我們在玩擠下巴的遊戲！）

春花的愛1
春花，
媽媽要出門了，給我一個親親嘛~
無視。
舔
中途小貓 有為
……
哼，
你都比較愛他！
沒有，
我比較愛妳。
心動
……哥！

春花的愛 II
工作結束。
呼，終於可以休息了！
我覺得，
「愛」真是不容易的事呢。
相愛容易相處難
嗯哼。
我要謝謝你，給我抱抱、親親，
還會呼嚕撒嬌，
讓我覺得你好愛我喔！
我愛妳不需要這些證明，
就是愛妳。
春花花~~~！

春花的愛III
你跟谷柑讀書的方式有什麼不同呢？
谷柑會讀字，我只是看過去；
谷柑什麼都想看，
我只看妳喜歡的書，了解妳。
哥！就知道你愛我！
猛抱
好吵。

親親大家
呼！工作終於結束了！
萌萌你來啦！
媽媽摸摸！
萌萌的情況
還要親親！
好喔，媽媽親一百下！

小花的情況
小花，抱歉媽媽今天太忙了，沒辦法陪妳玩。
沒關係，等一下媽媽起來喝水的時候，再親親我好不好。
好！
阿咪阿的情況
早啊，阿咪阿！
嗯~~~~這邊也要親。
轉
好，都親都親！

歐歐的情況
歐歐來，媽媽抱！
親
嗯～～～嘛！
啾
啾
啾
啾
我愛媽媽！
真是有女萬事足啊！

大海，今天是情人節喔！
那是什麼？
就是要一直親親的日子！
大海的情況
喔……可是我要去大便。
……
妳不要每次都一直親，只能親一下！
妳太煩了
春花的情況
好啦好啦。
湊近

壓
迫
感
……對了！
我來換個方法
慢慢
貼上
CHU♥
哇！你親我了，好棒喔！要不要多親幾下呀？
妳到底有多白痴啊。

～春花媽的動物家人們～

春花是二哥跟兒老闆

身為二哥，不知道為什麼一肩扛起操持家務的工作，不但管理家裡的眾貓狗，還嚴格督促媽媽的動物溝通人生，都不可以隨便懈怠。

春花小時候是個爛皮壞眼呼吸不順的小貓，但是掩飾不住他萌萌噠的氣質，小時候可以一手抱著睡，到處走都還是一條安睡米腸，不知道為什麼一夜長大後，就開始顧萌萌哥哥、顧歐歐妹妹，天生知道怎麼跟新來的貓相處，是臭臉有愛的褓父貓。

在媽媽花心當中途偷愛別貓的時候，哥也有自己一套流程讓新貓理解家裡的規範，然後分配給胖咪一起照顧，也讓其他貓有選擇相處、相陪或是不理的機會，對於落單的貓或是甜姐，都是會去他們的房間專門花時間陪伴，因此讓媽媽很吃醋（當然，哥沒在意過）。不過……不管再忙，他還是會用他銳利的咪咪眼督促媽媽上軌道。

習慣媽媽摸才睡覺，可以摸到翻肚。

通常只有被罵時，我才能看到哥正臉。

叫卷妹乖乖吃藥、點藥。

訓完話，都是那種在跟白癡講話的臉色。

虎鯨
歐歐，妳好像虎鯨喔。
那是什麼？
是住在海裡的大魚魚喔。
他好小唷，圓圓的。

沒有啦，他很大！
還是小小的呀？
唉呀，拉錯方向了，是這樣啦，很大！
看不見了呀，媽媽腦袋太小了，裝不下啦。
放棄
唉唷，好吧！下次再跟妳解釋！

～春花媽的動物家人們～

歐歐是永遠的獨生女

身為長女，也是俠女，也是谷柑的星星，也確實是高冷的代表，貓只喜歡妹妹綿小花，人只愛媽媽。

跟媽寶萌萌不一樣，歐歐不是甜蜜蜜的女生，他就是星星般的存在，他會在媽媽失眠的時候，安靜無聲地起身靠著媽媽說：「我們一起看星星」或是在媽媽低落閃神的時候，發出聲音讓媽媽好好摸摸他，並且讓媽媽一抱就可以半個鐘頭，大概當憂傷一個個混濁的時候，到他的眼中早已透明。

歐歐多數的時候，都一個貓待在家裡的高處，喜歡自己吃飯，對於誰都不太搭理，喜歡兀自伸展自己的身體，追追自己的尾巴或是看媽媽寫東西，然後再慢慢睡著，醒來對媽媽輕喊幾聲，再摸摸親親睡著，大概是家裡最像貓的貓。

喜歡躺新的貓抓板，然後再給別貓。

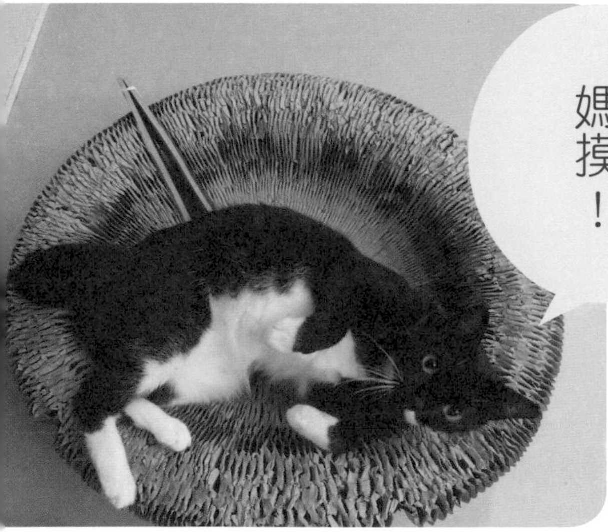

這通常是給谷柑的臉！

陪媽媽上班的臉

這個姿勢叫媽媽要親一百下才可以

胖兔子 I
無時無刻都想吃。
好餓！
飯呢？
我要吃！
好餓！
浮誇
我要被弟弟們餓死了！
……
工作
工作
……
我是胖子！
不顧形象
我是胖子！給我吃！
我很可憐，每天都吃不飽。我只是吃了兩個碗就被罵……
是喔。
不然你打他
明明都有給你吃！
螳螂少在那邊亂教！

胖兔子 II
為什麼每次在這邊吃的雞肉都會咬我？
流理臺
雞肉咬你？
刺刺的！
但我都是餵沒皮的肉耶？來，我看！
只有在這裡吃會，在餐桌那邊吃就不會刺刺喔。
好奇怪喔
……
你這隻胖兔子！放在這邊就還是燙的啊！你急什麼！
放到餐桌再吃啦
妳要管好他們啊！
蛤！

胖兔子 III
阿咪阿自己蓋被子啊，是不是很冷呀？
嗯啊。
你那麼多肉，還這麼怕冷，蓋兩層被子喔！
會啊，因為我跟妳很像！
你也是胖兔子，你也是怕冷的胖兔子。
刺進

我要漂亮 I
為什麼妳沒有男朋友啊？
……因為沒人喜歡我啊。
白眼
妳好可憐！
謝謝妳喔。
那為什麼妳沒有女朋友啊？

……因為沒人喜歡我。
妳故意的嗎
妳真的好可憐，都沒人要喜歡。
是不是妳太醜了啊？
妳、妳這個不肖女！
妳不要把醜傳染給我喔！
我有男朋友欸，我要漂亮！
…乾！

我要漂亮II
阿咪阿的漂亮篇受到廣大迴響。
太好笑了！哈哈哈！
阿咪阿是惹怒媽媽的天才啊！
這篇必須轉！
卷卷~~他們都欺負我啦！都是胖咪說我醜！
哭訴
醜是什麼？我也有醜嗎？
中途小貓 卷卷
妳當然不醜唷！
天生捲耳
雖然妳和其他貓有點不一樣，但妳很可愛喔！
因為她不醜，妳才醜呀！
嘻嘻
妳…！

都是妳啦，大家都笑我！
哈哈，笑妳很醜？
我才不醜！
沒人喜歡妳，沒關係啦，
妳只是醜而已！
可惡的臭胖咪！
哈哈！

媽媽！
媽媽不可以跟姐姐吵架唷！
小花…妳竟然不幫我說話！
放開我
沒關係，媽媽和萌萌一樣帥喔！
好……

～春花媽的動物家人們～

胖咪你真的很有事

身為很久才被正名的二女，其實在我家的性別跟地位一直很微妙！

沒有貓會稱呼胖咪為妹妹，兩個哥哥一個弟弟偶而會陷於本能追逐歐歐或是小花，沒有人追逐過胖咪，我不知道是不是因為胖咪的自我認同是人類，所以實在沒散發什麼貓咪賀爾蒙，但是他強烈對人表達他高度的善意（除了媽媽！）這也是離奇。

身為春花媽家身殘代表，他真的是殘而超不廢，家裡難得有客人，他一定去接，自己跟人類告白，交了男朋友，然後還一併把男朋友的女朋友收編，一直想被出養，但是沒等到她的心上人，只好勉強跟春花媽交往？至今還很愛耍彆扭，只要不高興就叫媽媽「ㄟ」，是家裡會跟媽媽對罵的唯一逆女代表。

只要不高興就瞪我！

睡姿一向離奇

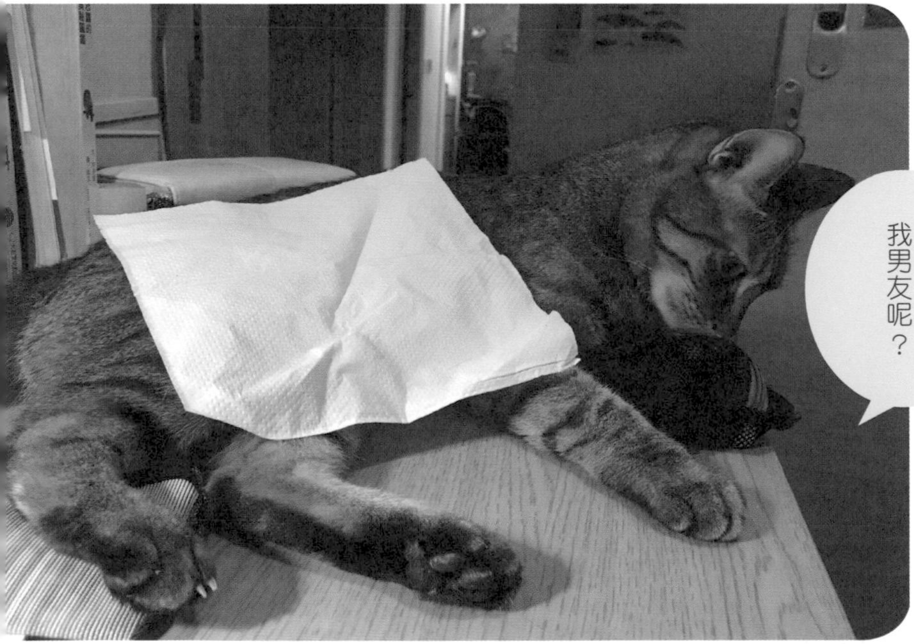

不給我男友，我就「抓抓抓」

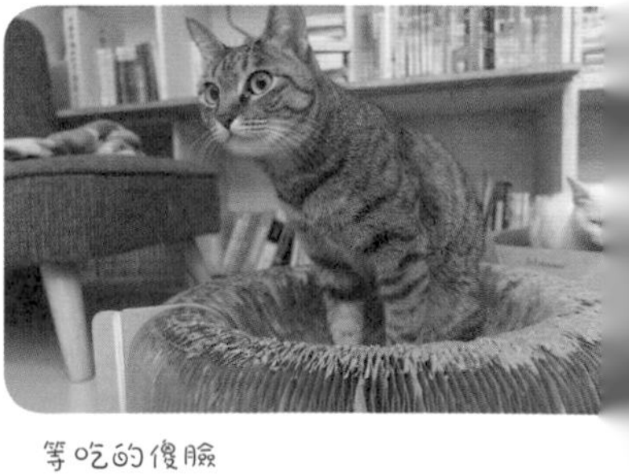

等吃的傻臉

亂大便

媽媽妳怎麼亂大便！
蛤？
妳亂大便！
小花在說什麼呀？
地上都是妳的大便！
要在這邊大便才對啊！
貓砂
媽媽沒有啦！
妳看地上都是喔！
一坨
又一坨
咦咦咦！

藥膏外漏
唉呀！真的欸！
妳長大了，不可以亂大便啊！
正經
八百
我不是故意的啦！
這真的不是大便啊

—春花媽的動物家人們—

綿小花是雪球寶寶

小花雪球是由黑貓爸爸跟白貓媽媽生下來的，小時候頭上有五根黑毛，長大後蕩然無存，證明貓也是女大十八變的。

小花完全是早慧型的小孩，也是春花欽點媽媽去花蓮接來的接班人，春花嫌棄一個貓管媽媽很累，所以找妹妹一起來管理媽媽？總之他真的手把手地教小花很多事情，他花了很多時間跟小花相處，常常祕密開小組會議，然後等小花開始脫離奶貓的蒙昧期，就常常讓小花直接念我。

跟春花很少正眼看我不一樣，小花每次要跟我講事情，都會正經八百地望著我，然後問我說：「媽媽你為什麼要這樣？」聽我說完後，會好好跟我說：「媽媽不可以這樣，你這樣不好，你要好好乖乖的。」我也忘了我是不是每次都有改善，但是我記得我好喜歡，看他很嚴肅地皺眉，然後對我搖頭，然後我們再親親和好，（只是媽媽你到底有沒改善啊？）。

準備要跟媽媽
對談的臉

會曬很久的太陽，跟太陽說話。

被媽叫醒的臉

如果覺得媽媽有點壞的臉

愛的教育
棉小花是春花欽點來的妹妹。
喵？
春花把她當成徒弟一般教導。
懂了嗎
嗯嗯
這兩隻又在竊竊私語
你們在聊什麼，說給媽媽聽好嗎？
…
哥哥說不行喔！
可惡…媽媽的地位岌岌可危啊！
什麼時候有地位了。

孩子的教育不能等！
小花～～
媽媽有沒有很愛妳啊？
我親
有！
媽媽有沒有最愛妳呀？
我再親
有！

那媽媽有沒有最最最最
妳白痴嗎？
可惡，你又罵我！
哥哥罵媽媽，也愛媽媽喔！
蛤？
因為媽媽一直講一樣的話，真的好白痴唷！
……
竟然一臉天真的罵我

減肥計畫
這些我不要，給妳吃！
好！
可惡，阿咪阿又把不吃的叫小花吃。
認真
吃飯
小花漸漸從肉彈甜心，變成西洋梨妹妹。
不行，我要好好跟小花談談！

小花，我們不可以再胖下去了喔。
媽媽跟妳都是
不可以胖了！
妳跟媽媽都不能再吃這麼多，
好嗎？
媽媽不可以吃這麼多！
……那妳跟媽媽一起多跑跑、運動，
好嗎？
媽媽跑跑！
……那妹妹會跟媽媽一起減肥，
對吧？
媽媽不要胖！

貓，請多指教

你好，今天就是我們相愛的開始

下週
狂吃
……
下下週
猛吃
……
小花，妳不要一直吃嘛，妳看哥哥等得好餓喔！
媽媽胖！
小花不給媽媽吃！
……
減肥計畫，失敗。

～春花媽的動物家人們～

大海是個臭流氓

除了春花媽中途過的一位老兵貓，大海創下隔離最久時間才融入家裡的紀錄。

大海讓春花媽有很不一樣的生活，也對於法律有了不一樣的體悟，但是回到現實生活相處，大海就是春花選給春花媽的第一隻狗，非常離奇的叫會來，喜歡追球，可以用狗狗的廁所，講話非常讓人從天堂掉到地獄的啞然失笑……

春花媽：「海海弟弟為什麼臉常常都這麼臭？」

大海：「因為我大便也很臭。」

春花媽：「為什麼你一定要用這個碗吃飯啊？」

大海：「因為只有這個碗跟我屁股一樣大。」

媽也常常在心裡想要吶喊，你沒有好一點的說法嗎？但是算了……他應該是難以理解的水瓶座，容易快樂就好。

他是個臭ㄌ一ㄡˊㄇㄤˊ

叫他香媽媽，他還香姊

一模一樣胖兄弟

很喜歡坦胸露肚

2018
新年新希望
時間過得真快，一年又到尾聲了！
今年經歷了各式各樣的事情，很充實呢。
媽媽在看什麼？
我在看月曆，今年要結束了。
對了！你們有沒有新年新希望呀？
一起和媽媽分享一下吧！

希望妳長智慧，長腦袋。
一開始就要這麼傷人嗎！
我想和媽媽一起在床上睡覺好久，都不要肚子餓！
希望我們可以一起在家待一整天，都不用跟別人說話。
我的男朋友來家裡住啊！他要摸我、抱我！
然後女朋友來家裡看我！

希望家裡的氣氛越來越好，不要緊緊的。
一定可以的！
※現在大海都很自在的在公共空間隨便翻肚子擋住大家的路囉！

我想要大家一起舒服曬太陽，

然後媽媽在旁邊一直餵我們好吃的東西！
咦？我好像變成侍女了啊！

春花媽在外的各個乾兒子、乾女兒，和動物朋友們，又有什麼樣的願望呢？
我喜歡乾媽繼續幫我跟大家說我的詩！我們全家要健康，不要胖喔！
谷柑

然後我要常常去乾媽家玩，妹妹們也來我家玩！
她們才沒有要去。
我家已經有肉乾樹，不需要禮物了喔！
荳荳
貓貓稱羨的肉乾樹
多拉ABC夢家
爸爸媽媽不要去上班，在家陪我們。
拉拉(A夢)
一半綺夢(C夢)
我也要！
哥哥妹妹都有自己最愛的零食，我也想要有。
弟弟(B夢)
弟弟你不是媽寶嗎，怎麼不是跟哥哥一樣的願望？
母
哥哥就許過了啊，不要浪費願望。
好精明吼！

#FB：「胖胖成長日記」可以看到更多胖消息

這一年來，春花媽經歷了許多不同的事情，
※在春花逼迫下開設了課程。
※出版第一本溝通書。
和許多不同的人、動物相遇。
感謝有你們的陪伴，讓我的生活豐盛。
新的一年，希望大家繼續一起健康、開心地和動物們相愛！

—春花媽的動物家人們—

甜姐不是貓是狗

經過了多年的詢問，春花終於同意我去問一位狗狗，是否願意來我家當家人，那就是「甜甜圈」，江湖人稱「甜姐」。

身為地方被棄養的種母代表，他老人家來我家前就跟我說好：「我是不喜歡這麼多貓啦，但是我喜歡你煮的飯，你都會好好用給我吃吼？」然後又跟我來回談了好幾週，才說要來我家，但是他一來，春花媽的人生藍圖就完整了。

在接甜姐回家前，其實春花媽天天早上去醫院陪甜姐，結果回家後，甜姐大概花了 3 個小時就適應家裡了，實在是超乎春花媽的想像，但是春花哥一派輕鬆的咪咪眼看著這一切真讓人覺得迷離，總之身為春花家唯一「真的」狗，他最常跟貓說的話是「我是狗唷，所以可以多吃一點！」

真的不能再吃了嗎？

摸我！

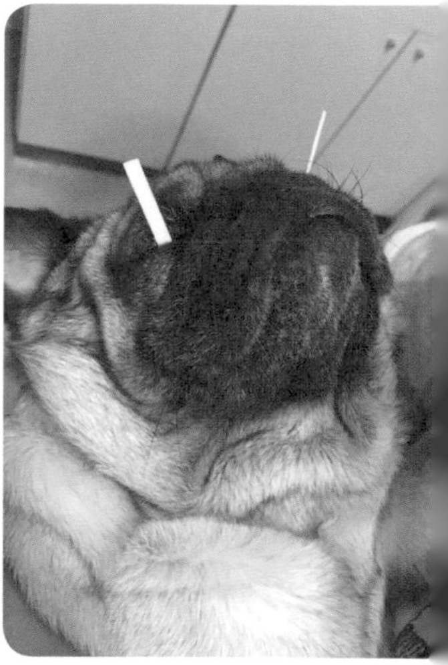

姐的白眼睫毛，是個每個
月要做眼睛檢測啦！

這是我最可愛的妹妹天天，他都會餵我吃東西

Chapter 2

史上最萌乾兒女

每一個中途貓，都是春花媽的驚喜……

什麼？貓兒會寫詩？春花媽的乾兒子谷柑，是萌翻天的橘貓，有天他突然開口對媽媽說：「媽媽，我是一名詩人」，震驚四座！

帶著許多病痛來到世間的幼貓卷卷，不畏痛苦與疾病奮力戰鬥，最後長成了……一位最可愛的小流浪貓爸寶！？

谷柑篇①
一見鍾情
我曾經在流浪貓相關單位當志工，幫忙照顧貓咪們。
咦？這隻貓怎麼這麼眼熟呀？
當天開始送養的貓咪
……
啊！對了，好像那個人啊！
欸欸，妳老公被關在我們這啦，
妳快來接他回家！
蛤？
??

隔天
我來啦！
快來看！
哇，他正在喝水呀。
狂喝
猛喝
你好呀，谷柑~~~
喵？
哇呀！好可愛！
對吧對吧！

伸手
貼近
慢慢
你好溫暖呀，谷柑。
緊抱
哇，看來這樁好事要成了！

谷柑是被消防隊從屋頂上救援下來的貓咪，
麻煩你們了
茂谷柑
名字的由來
經醫生診斷年齡大約是四到五歲。
哇，他真的很乖巧親人呢！
對呀，第一次見面就願意給我們抱著耶！
先填完這份認養申請書就可以囉，我們會在審核後另行通知。
麻煩你們了。
再見囉！

谷柑篇②
一家人
怎麼樣，我們有機會領養谷柑嗎？
還沒這麼快定案耶，因為想要認養谷柑的人很多呢。
果然呀…
谷柑因為溫馴乖巧，貼出送養訊息後就收到許多詢問。
臉很大
我們來啦！
谷柑~
（未來的）谷柑爸媽常常來探望、陪伴谷柑。

某天
妳有沒有覺得…谷柑好像特別容易喘呀？
喘
喘
他也才跑一下子，就喘得像狗一樣耶。
我們也有發現喔，他在籠子裡也常常呼吸急促。
得知此事後，（未來的）谷柑爸媽非常積極，自願付費讓谷柑接受各項精密的身體檢查。
我來看一下
超配合
嗯…檢查結果看來，身體上好像沒有大問題呢。
那就好！我們也先幫他剃毛試試看，也許是因為太熱了。

後來經過一段時間的觀察，終於確認谷柑是隻特別怕熱的貓。
光溜溜
書面資料審核通過後，送養負責人進行家訪，確認居家環境。
打擾了。
歡迎歡迎！
窗戶可以用鐵網格卡在窗框之間做防護，或加裝安全鎖，避免貓咪逃脫。
砂盆可以放在稍微隱密的地方，食物飲水和砂盆不可太近，至少要放在對角線。

經過重重考驗，終於把谷柑接回家，成為一家人了。
送養人員說過，貓咪剛來我們家可能會比較緊張，躲起來幾天。
嗯嗯，我們等他慢慢習慣吧！
睡了一覺後就出來了
嗅
爬
吃
嗯…好像很放鬆。
完全沒有適應的問題呢。
可喜可賀！

谷柑篇③
好哥哥
谷柑在家裡的日子過得十分愜意。
你覺得谷柑白天自己在家，會不會太無聊呀？我們都去上班不能陪他。
妳意思是想要再養一隻貓嗎？
後來，找了溝通師詢問谷柑增添新貓的意願。
感動
沒想到你們這麼愛我，特地和我一起討論。
不過，你們是不是因為覺得我很懶惰，才要找小貓來陪我跑步？
……
真有自知之明

在谷柑的同意下，接來春花媽中途的小貓椪柑（原名奶茶）。
幫忙蓋砂 →
陪睡 →
沒想到，不久後椪柑就出了狀況…
她發燒又上吐下瀉呢…
快送醫吧！

椪柑腹膜炎發作而住院了，因媽媽出差，爸爸每日上下班前都到醫院探視。
剛從醫院回來
唉…
平常愛黏著媽媽的谷柑，也來安慰沮喪的爸爸。
然而，椪柑小小的身軀仍不敵病魔，在醫院離開了。

幾個月過去後，谷柑爸媽再度詢問谷柑，是否還會想要有個妹妹呢？
我喜歡妹妹，以前我也有過，她長得和我很像，是灰色的！
於是谷柑家迎來了新妹妹「荳荳」。
荳荳好獨立喔，都自己睡覺耶！
不過谷柑還是好開心有妹妹唷！
現在是和樂融融的谷柑一家。

谷柑篇④
風流詩貓
谷柑最近老是喵喵叫不停呢，不知道在說些什麼呀？
來翻譯
轉頭
媽媽，我在說話唷，我在念詩，我是詩人，谷柑是詩人。
哇！你都念了些什麼呢？
有一個月亮，我家有個月亮，月亮有鳥，月亮。

還有別的喔！
鳥，我喜歡的鳥不來，鳥。
谷柑好有才華呀！
……
震驚
在發掘了谷柑的興趣後，媽媽也很支持他，我則是常（被迫）陪他討論詩的內容。
真的會讀書→
我寫了詩送給爸爸，父親節快樂！
感動

甚至可以寫歌把妹。
歐歐之歌
55432 | 55321 | 355432 |
我的歐歐啊 我的歐歐啊 海～一樣安靜
55432 | 55321 | 355 5 431 |
我的歐歐啊 我的歐歐啊 美～麗～ 的像星星
好吵。
失敗收場。
謝謝大家喜歡柑柑！
最後，有一個好消息要告訴大家！
谷柑的第一本詩集《愛是為你寫一首詩—貓咪谷柑的療癒詩》已經出版囉！
大家可以追蹤FB「谷柑表示」唷！柑柑愛大家！

谷柑篇⑤
喜歡我
乾~~媽~~~
乾~~~媽~~~~！
乾媽妳沒在忙吧，快點理我！
……
我今天有重要的事情要說！
你每天要說的事情都一樣。
歐歐在睡覺嗎？我想找她！
對啦，你自己回去睡。

歐歐~~~！谷柑來找妳了唷！
轉頭
歐歐~~~~歐~~~歐~~~
歐歐，我要跟妳說重要的事情喔！
其實妳也是喜歡我的，
只是妳自己不知道喔。

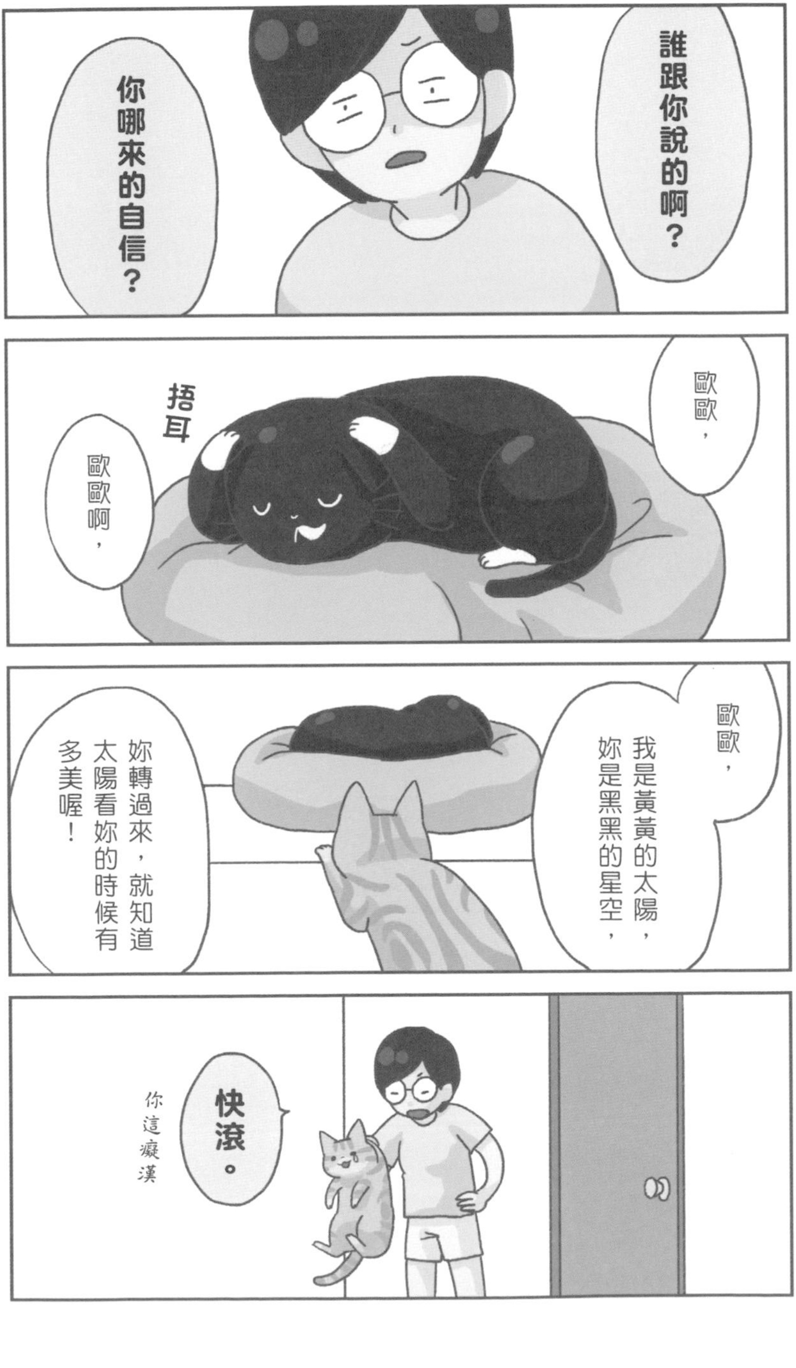
誰跟你說的啊？
你哪來的自信？
歐歐，
捂耳
歐歐啊，
歐歐，我是黃黃的太陽，妳是黑黑的星空，
妳轉過來，就知道太陽看妳的時候有多美喔！
快滾。
你這癡漢

谷柑篇⑥
柑柑KTV
乾媽！乾媽！
幹嘛？乾媽在忙啦。
今天有人說喜歡柑柑的詩喔！
有人說好暖心
有人讀到哭了
還有美麗的姐姐幫我一起叫歐~歐~
谷柑的詩集受到不少人喜愛，本貓也常常因此而興奮。
好啦好啦，但乾媽在工作啦，
你自己去外面跟大家玩啦。

大家好！柑柑來了！
馬上回房
歐歐⋯
我們一起來唱〈歐歐之歌〉吧！
⋯
⋯
⋯
我的歐～～歐～～啊～～～～～
我的歐～～歐～～啊～～～～～

大海一起唱！
合音！
蛤？歐、歐~~歐~~
海~~一樣~~安靜~~
完全走音
歐~~歐~~
我的歐~~歐~~啊~~~~
搖頭
晃腦
我的歐~~歐~~啊~~~~~
美~~麗~~的像星星~~~！
谷柑哥哥太大聲了

春花一起來！
我的⋯
我的歐～歐～
是要唱幾次？
♪我的歐歐歐歐♪
吵死人啦！王谷柑！

卷卷篇①
存活的孩子
在花蓮撿到了癱在路邊的小貓，有人可以幫幫忙嗎？
那是一隻耳朵外翻的卷耳小貓，
虛弱
研判是身體狀況不佳，被繁殖場遺棄。
貓咪現在還好嗎？
看起來沒有嚴重的外傷，但反應很遲緩，
不知道是不是傷到神經…
唉…
這聽起來跟阿咪阿以前的狀況變像的…

問你們唷，我可以把那隻小貓帶回來照顧一陣子嗎？
嗯，可以。
……
嗯……是可以啦。
於是，從花蓮接來了卷卷。
卷卷呀，請多指教囉！
卷卷的腳不太能動，也是爬行前進。
緩緩前進
不僅反應遲緩，眼神也常常渙散對不到焦。

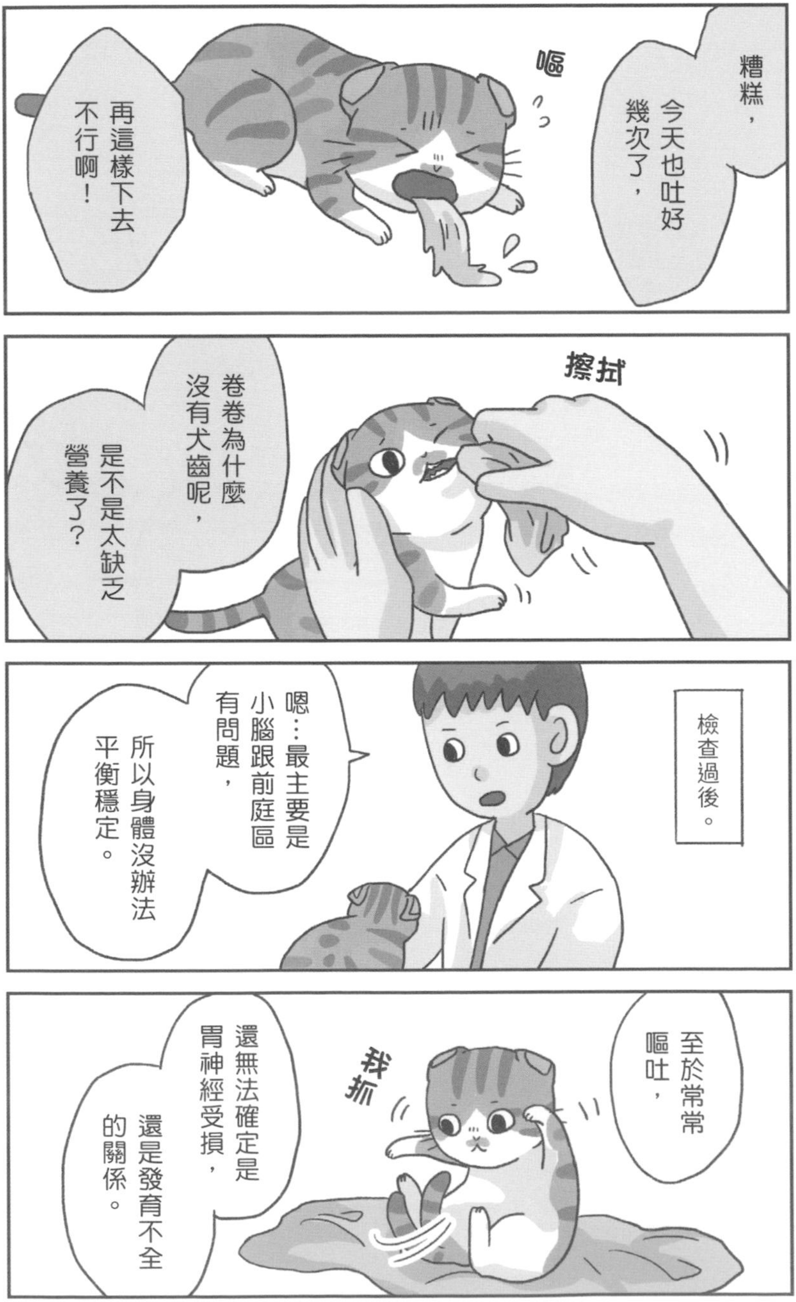

糟糕，今天也吐好幾次了，
嘔
再這樣下去不行啊！
擦拭
卷卷為什麼沒有犬齒呢，是不是太缺乏營養了？
檢查過後。
嗯…最主要是小腦跟前庭區有問題，所以身體沒辦法平衡穩定。
至於常常嘔吐，
我抓
還無法確定是胃神經受損，還是發育不全的關係。

不過她沒有太多外傷，
主要應該還是先天基因的原因。
……
可惡，
又是被無良繁殖場所踐踏的生命……
唉，
看來卷卷的問題比想像中多呢。
卷卷還這麼小，
太辛苦了！
卷卷媽
我會好好幫妳補好身體的！
喵
卷卷一起加油喔！

卷卷篇②
流氓少女
搖晃
搖晃
雖然卷卷體弱，加上眼神茫然，看起來很呆萌……
欸，抱我！
吃飯！
好喔！
快點！
結果是個小流氓。

原本討厭新貓的萌萌，也很盡責地照看她。
媽媽，她冷冷，要蓋被。
還有該餵藥了。
好唷，謝謝你！
小花是專屬陪玩。
我揮
我揮
因為不敢出手
反而被打
嘿！

……
我打贏了！
妳死了！
大聲
!?
我最厲害！
蛤？
妳欠教訓！
過來！
奔
妳輸了！

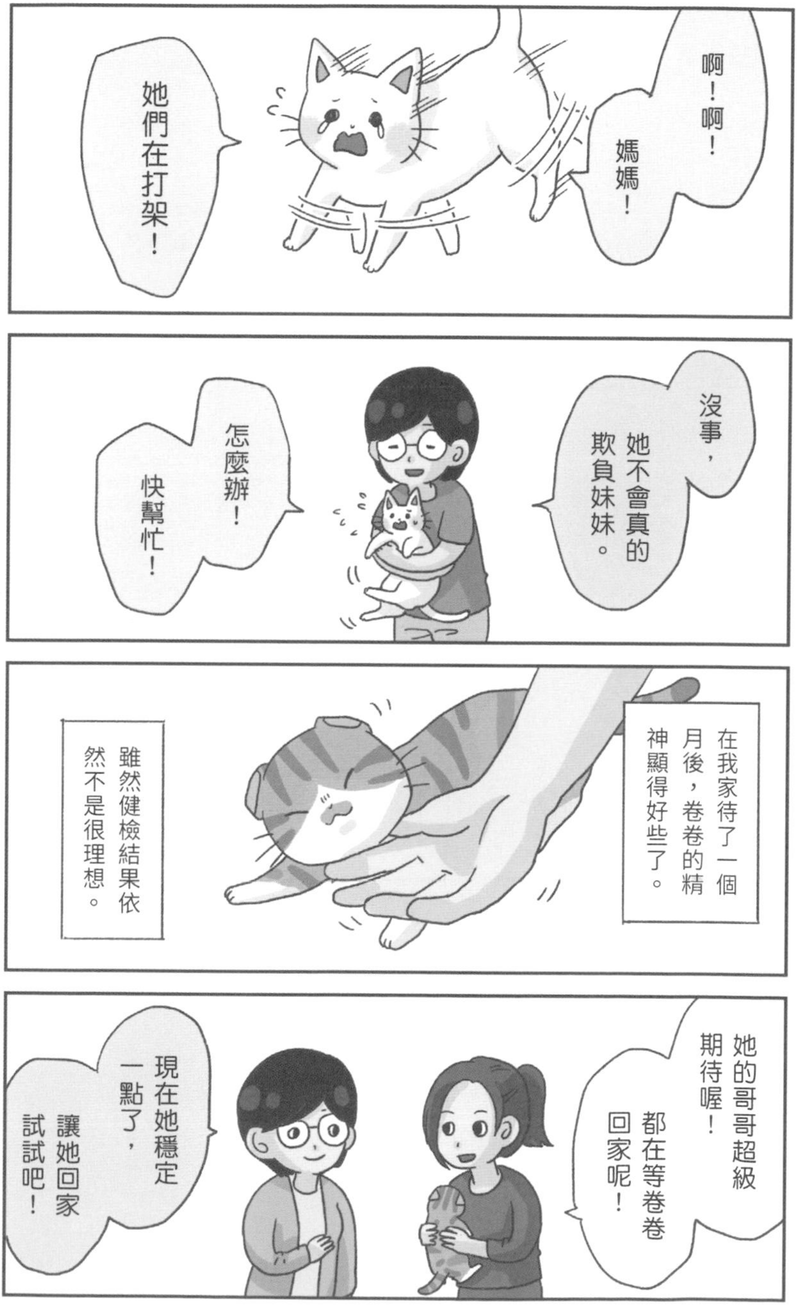
啊！啊！
媽媽！
她們在打架！
沒事，她不會真的欺負妹妹。
怎麼辦！快幫忙！
在我家待了一個月後，卷卷的精神顯得好些了。
雖然健檢結果依然不是很理想。
她的哥哥超級期待喔！
都在等卷卷回家呢！
現在她穩定一點了，
讓她回家試試吧！

卷卷篇③
我的冠軍爸媽
我今天要去接你女兒回家囉！
明明就是妳說要養，硬要說我女兒。
唉唷我還有三隻貓要照顧呢，卷卷就拜託你喔！
卷卷回家了。
歡迎回家！卷卷！
怎、怎麼會、
心動
超級可愛！
一秒擊沉。

哇，卷卷完全不怕生欸！
驚
嚇
她、她給我抱耶！
興奮
把拔
可惡！她感覺好愛你喔！
當然呀，這是我女兒啊！

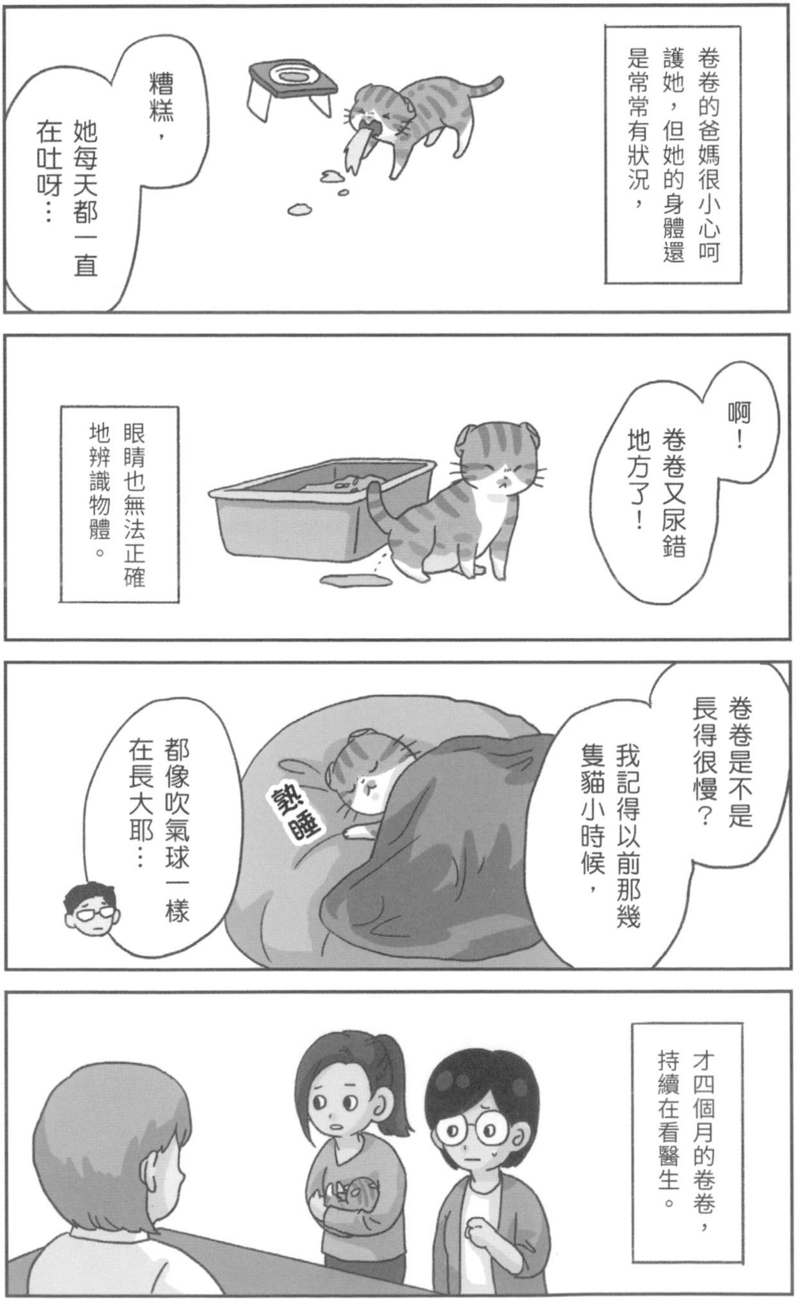
卷卷的爸媽很小心呵護她，但她的身體還是常常有狀況，
糟糕，她每天都一直在吐呀⋯
啊！卷卷又尿錯地方了！
眼睛也無法正確地辨識物體。
卷卷是不是長得很慢？我記得以前那幾隻貓小時候，
熟睡
都像吹氣球一樣在長大耶⋯
才四個月的卷卷，持續在看醫生。

卷卷的左眼狀況比較嚴重，
連接水晶體的肌肉已經斷裂，
這沒辦法恢復。
那之後她會怎麼樣…？
以後漸漸會白內障、青光眼，最後可能失明。
卷卷，為什麼妳這麼小就要面對這些，
要怎麼才能讓妳好受點呢？
爸爸答應妳喔，
我們會努力讓妳接受治療的，
謝謝妳來到我們身邊！

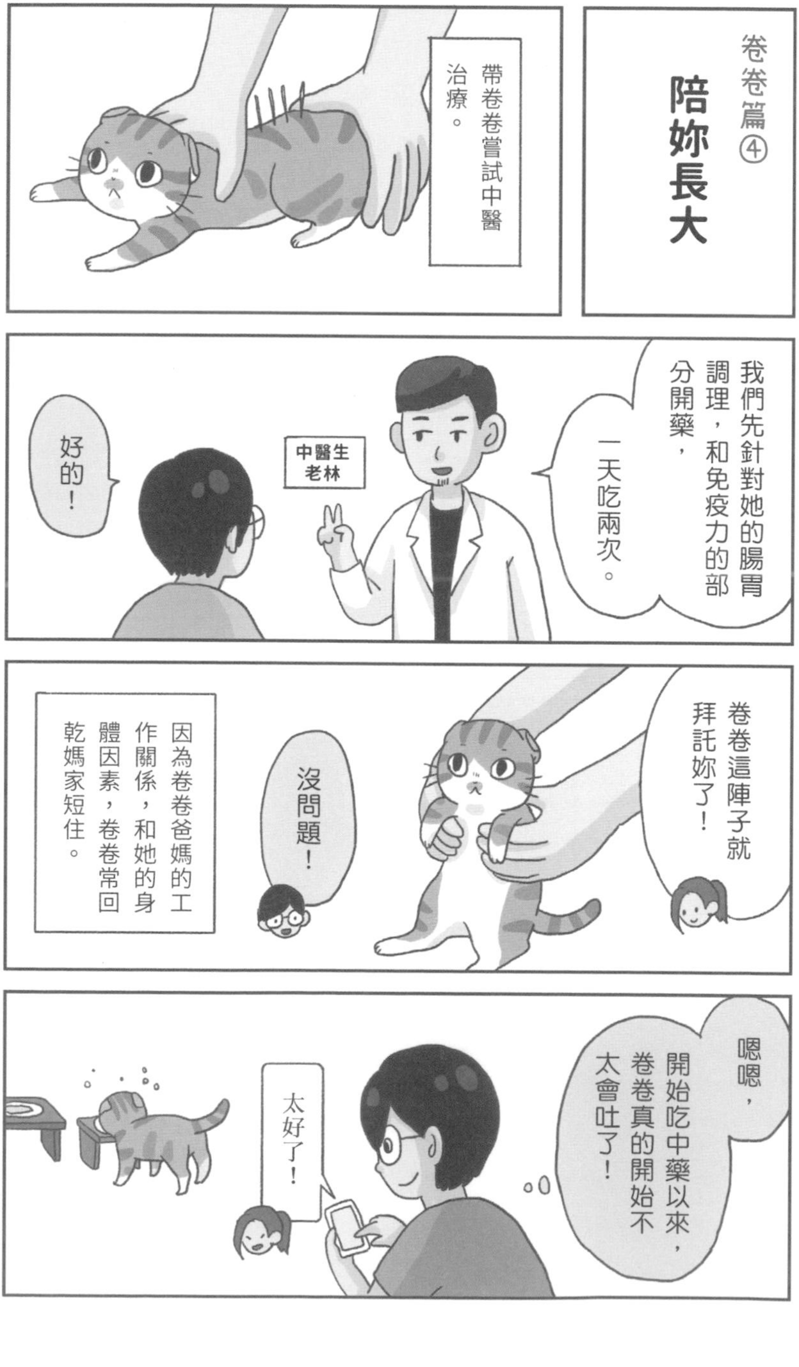
卷卷篇④
陪妳長大
帶卷卷嘗試中醫治療。
我們先針對她的腸胃調理，和免疫力的部分開藥，一天吃兩次。
中醫生老林
好的！
卷卷這陣子就拜託妳了！
沒問題！
因為卷卷爸媽的工作關係，和她的身體因素，卷卷常回乾媽家短住。
嗯嗯，開始吃中藥以來，卷卷真的開始不太會吐了！
太好了！

卷卷除了左眼內的肌肉斷裂，右眼也有發炎的情形，
滴
每天兩眼需各自滴3至4次的眼藥水。
卷卷好棒喔！
今天的藥都滴完了喔！
那爸爸要來接我了嗎？
我想爸爸！
快了，他們再過幾天就會來囉！
也想想媽媽好嗎？
經過積極的點藥，卷卷右眼壓漸趨穩定下來。
保持這樣就不錯唷，
我們再持續追蹤。

嘿
嘿
哇，感覺這兩個月卷卷長大多了！
對呀，努力沒有白費呢！
雖然還無法確定卷卷的身體未來會如何，
但只要全家人一起努力，就能勇敢地面對。
真希望妳永遠不要長大啊，
就這樣小小的讓我捧著。
當初是誰說這不是他女兒的啊？

卷卷最想說……

春花嬤有話想說

好竹出歹筍

理論上，歹竹出好筍是俗諺，好竹出好筍才是應該的，但是你知道在台灣，有名有姓的品種貓，多數都有問題嗎？因為臺灣的寵物繁殖者，有一部分只考慮生出可愛的動物小孩，並不在乎他可不可憐，會不會有病；以安靜、腳短、小型為目標來繁殖，不管母親是否適合懷孕，也不管父親是否基因健全，生就對了，壞了就算了，只要長得好看就好。

春花，就是我的朋友從私人繁殖買來的貓，見面的時候眼睛張不開、皮膚超過一半以上都有問題，鼻涕沒有停過。

卷卷，可能來自培育中期的實驗品，卷耳，安靜、嬌小，初期因為嚴重的營養不足，發育不良，疑似癱貓。

我因為春花搬過兩次家，因為樓下會燒金紙，他會呼吸不順而需要送醫，更別提他生命的前兩年，每週都要送去洗藥浴，也因為身體太弱很晚才打預防針，那時候醫生還跟我說：「我們就賭賭看吧！」

卷卷還沒滿一歲，體重沒有超過三公斤，長期看中醫調理腸胃，已經看過腸胃專科、眼科、神經科、骨科、胸腔科，每天最少要點七次的眼藥，早晚要吃藥，因為身體有成因不明的病目前也無法結案，狀

況好的時候一兩個月看醫生，需要控管的時候，每個禮拜都要去看醫生，我們不知道他會不會爆出更多的病，醫生說：「我們只能繼續等下去。」

品種缺陷的問題，沒有預防的方式，我們只能被動地等問題發生，孩子痛了，跟他的疾病對抗，生病如水流過的每一天，他無法選擇哪一邊會痛，哪一邊會沒力氣，家長沒有辦法選擇讓他不痛，我們只能跟著一起痛。

如果歹竹可以出好筍，那是因為這些因為品種基因而有缺陷的孩子，因為收養家庭願意盡力的付出，才有好的結果，但是臺灣每天、每年這樣的小孩還是大量生產著，我們需要那些看起來很可愛的孩子嗎？我們需要那些願意安靜窩在我們身上，卻連呼吸都有問題的孩子嗎？

希望當你看這篇文章的時候，你可以接受領養動物比買賣寵物好，因為市場需求沒有停，有錢賺的地方就有很多殘缺的孩子，他們可能來不及幸福就死了，更為難的是到你生活中，跟你一起痛，你們的眼淚都珍貴，請為彼此多珍重。

特別收錄

俠女歐歐

拿下
貓門客棧
啊，歐歐姐來啦！
店小二 荳荳
老樣子，雞肉乾拌飯和柴魚湯。
俠女 歐歐
好的！
馬上就來！
妹、妹！

幹嘛？不是叫你不要打擾我工作嗎？
唉唷，別這樣嘛，
書僮 A夢
書僮 B夢
剛剛跟妳說話的那個歐歐是誰呀？
詩人 谷柑
她太美了！我想讓她當妳大嫂！
告訴我她是哪家閨女！
不要。
快滾 你很礙事
可惡，那我就自己想辦法！
起身
偷偷
摸摸

……
她往右邊去了！
快跟上！
……

擋
下
這不是谷柑大少爺嗎？
不好好在家作詩，跑到這荒山野嶺做什麼呢？
山賊 小咩
山賊 甜姐
山賊 阿咪阿
你們是誰…
嗚哇！啊！
救命！

隔日
歐歐姐，
有急事相求！
我們家收到了勒索信，
拿錢來
山賊綁走我哥，要求一大筆贖金，
……
我爹娘快急昏了，妳可以幫我們嗎？
……事情經過就是如此，希望二位師兄可以相助。

那我們就出發吧！
師妹 歐歐
二師兄 春花
大師兄 萌萌
唷唷，這不是春花家三兄妹嗎？
看來谷柑的後台挺硬的嘛！
V.S.

秒定勝負
大俠！
太強了！
歐歐！
謝謝妳！
…欸？
空無 一貓
歐歐
歐歐呢
別吵了！
回家！

說書人 大海
說書人 小花
就這樣，一天又平安的過去了，
感謝春花家三兄妹的努力！
我們後會有期！

貓，請多指教

每一聲喵都是愛②

作者 Jozy、春花媽
封面題字 馬該
編輯 林憶欣
校對 林憶欣、徐詩淵
封面設計 Jozy
美術設計 曹文甄

發行人 程顯灝
總編輯 呂增娣
主編 徐詩淵
資深編輯 鄭婷尹
編輯 吳嘉芬、林憶欣
美術主編 劉錦堂
美術編輯 曹文甄、黃珮瑜
行銷總監 呂增慧
資深行銷 謝儀方、吳孟蓉
發行部 侯莉莉
財務部 許麗娟、陳美齡
印務 許丁財
出版者 四塊玉文創有限公司

總代理 三友圖書有限公司
地址 106台北市安和路二段二一三號四樓
電話 (02) 2377-4155
傳真 (02) 2377-4355
E-mail service@sanyau.com.tw
郵政劃撥 05844889 三友圖書有限公司

總經銷 大和書報圖書股份有限公司
地址 新北市新莊區五工五路二號
電話 (02) 8990-2588
傳真 (02) 2299-7900

製版印刷 卡樂彩色製版印刷有限公司

初版 二〇一八年八月
定價 新台幣二三〇元
ISBN 978-957-8587-35-9（平裝）

SANYAU
http://www.ju-zi.com.tw
三友圖書
友直 友諒 友多聞

廣　告　回　函
台北郵局登記證
台北廣字第2780號

地址：　　　縣/市　　　　鄉/鎮/市/區　　　　路/街

段　　　巷　　　弄　　　號　　　樓

SANYAU

三友圖書有限公司 收

SANYAU PUBLISHING CO., LTD.

106　台北市安和路2段213號4樓

SANYAU
三友圖書
讀書俱樂部

「填妥本回函，寄回本社」，即可免費獲得好好刊。

粉絲招募歡迎加入
臉書／痞客邦搜尋
「三友圖書-微胖男女編輯社」
加入將優先得到出版社
提供的相關優惠、
新書活動等好康訊息。

四塊玉文創╳橘子文化╳食為天文創╳旗林文化
http://www.ju-zi.com.tw
https://www.facebook.com/comehomelife

【黏貼處】對折後寄回，謝謝。

親愛的讀者：
感謝您購買《貓，請多指教 2：每一聲喵都是愛》一書，為感謝您對本書的支持與愛護，只要填妥本回函，並寄回本社，即可成為三友圖書會員，將定期提供新書資訊及各種優惠給您。

姓名＿＿＿＿＿＿＿＿ 出生年月日＿＿＿＿＿＿＿＿
電話＿＿＿＿＿＿＿＿ E-mail＿＿＿＿＿＿＿＿
通訊地址＿＿＿＿＿＿＿＿
臉書帳號＿＿＿＿＿＿＿＿
部落格名稱＿＿＿＿＿＿＿＿

1 年齡
□ 18 歲以下 □ 19 歲～ 25 歲 □ 26 歲～ 35 歲 □ 36 歲～ 45 歲 □ 46 歲～ 55 歲
□ 56 歲～ 65 歲 □ 66 歲～ 75 歲 □ 76 歲～ 85 歲 □ 86 歲以上

2 職業
□軍公教 □工 □商 □自由業 □服務業 □農林漁牧業 □家管 □學生
□其他＿＿＿＿＿＿＿＿

3 您從何處購得本書？
□博客來 □金石堂網書 □讀冊 □誠品網書 □其他＿＿＿＿＿＿＿＿
□實體書店＿＿＿＿＿＿＿＿

4 您從何處得知本書？
□博客來 □金石堂網書 □讀冊 □誠品網書 □其他
□實體書店＿＿＿＿＿＿＿＿ □ FB（三友圖書 - 微胖男女編輯社）＿＿＿＿＿＿＿＿
□好好刊（雙月刊） □朋友推薦 □廣播媒體

5 您購買本書的因素有哪些？（可複選）
□作者 □內容 □圖片 □版面編排 □其他＿＿＿＿＿＿＿＿

6 您覺得本書的封面設計如何？
□非常滿意 □滿意 □普通 □很差 □其他＿＿＿＿＿＿＿＿

7 非常感謝您購買此書，您還對哪些主題有興趣？（可複選）
□中西食譜 □點心烘焙 □飲品類 □旅遊 □養生保健 □瘦身美妝 □手作 □寵物
□商業理財 □心靈療癒 □小說 □其他＿＿＿＿＿＿＿＿

8 您每個月的購書預算為多少金額？
□ 1,000 元以下 □ 1,001 ～ 2,000 元 □ 2,001 ～ 3,000 元 □ 3,001 ～ 4,000 元
□ 4,001 ～ 5,000 元 □ 5,001 元以上

9 若出版的書籍搭配贈品活動，您比較喜歡哪一類型的贈品？（可選 2 種）
□食品調味類 □鍋具類 □家電用品類 □書籍類 □生活用品類 □ DIY 手作類
□交通票券類 □展演活動票券類 □其他＿＿＿＿＿＿＿＿

10 您認為本書尚需改進之處？以及對我們的意見？
＿＿＿＿＿＿＿＿

感謝您的填寫，
您寶貴的建議是我們進步的動力！

【黏貼處】對折後寄回，謝謝。